我决定不在意

[日] 尚喵·著
王菲·译

青岛出版集团 | 青岛出版社

图书在版编目（CIP）数据

我决定不在意 /（日）尚喵著；王菲译. -- 青岛：青岛出版社, 2024.5
ISBN 978-7-5736-1919-8

Ⅰ. ①我… Ⅱ. ①尚… ②王… Ⅲ. ①人生哲学－通俗读物 Ⅳ. ①B821-49

中国国家版本馆CIP数据核字（2024）第065501号

WO JUEDING BU ZAIYI

书　　名	我决定不在意
著　　者	[日] 尚　喵
译　　者	王　菲
出版发行	青岛出版社
社　　址	青岛市崂山区海尔路182号（266061）
本社网址	http://www.qdpub.com
邮购电话	0532-68068091
责任编辑	初小燕
封面设计	今亮后声・小九
装帧设计	郭子欧
印　　刷	青岛新华印刷有限公司
出版日期	2024年5月第1版　2025年 1月第4次印刷
开　　本	32开（889mm × 1194mm）
印　　张	4.25
字　　数	81千
书　　号	ISBN 978-7-5736-1919-8
定　　价	45.00元

编校印装质量、盗版监督服务电话：4006532017　0532-68068050

本书建议陈列类别：日本　励志　畅销

角色介绍

低空飞行兔

患有沟通障碍的高敏感尚喵的分身

精神强者喵

低空飞行兔的朋友，经常倾听她的烦恼，阳光开朗

考拉老师

山崎树里老师，高敏感性格研究专家

我属于高敏感人群吗?

大家好,我叫尚喵。
总爱宅在家里,喜欢猫咪,还很爱睡午觉。
嗨~
喵~
突然……
大家听过"高敏感人群(HSP)"这个词吗?
HSP就是Highly Sensitive Person的首字母缩写
(非常)
Highly
(敏感、容易受伤)
Sensitive
(人)
Person
HSP
心理学家伊莱恩·阿伦博士提倡!!
就是指高度敏感的人
提到这种高敏感性格……
尚喵可能属于高敏感人群吧?
自己也曾被朋友指出过
咦?
什么??
回想起来,过去自己对任何事情都很在意
现在回首,全是『黑历史』。
痛苦的过去

上小学时在意妈妈的心情
妈妈刚刚在叹气……
唉……
心脏怦怦跳
试卷
忐忑不安
妈妈在生我的气吗？……
青春期时在意自己的容貌
不化妆就出不了门……
好想变可爱……
不停地涂……
要是不让化妆，那可怎么办啊？……
在公司里在意别人的眼光
怕人……怕声响……
疲惫不堪……
叽当
丁零零
一到公司就感觉好累……

还很在意上司说的话
辞职信
因此患上抑郁症
总爱拿自己跟别人做比较
嫉妒别人也很痛苦……
拜拜……
人际关系无法长久维持
也许是因为这种太在意的性格，这些年我都不怎么顺心。
那时，我就在推特（现X）上发表些有关高敏感的人生存不易的文章
反响特别大……
引起很多人的共鸣
原来这么多人和我的想法一样啊……
大家都活得好不容易啊！
……

我便想着尝试回首自己的过往
比如因过于在意而失败的经验
还有那些觉得活着很痛苦的回忆
不过，这种过于在意的性格真的很糟糕吗？
嗯……
不如说，我更愿意去肯定这种高敏感性格。
打滚
那就开始吧！喵——

积极面对高敏感性格，轻松前行

HSP（高敏感人群）是Highly Sensitive Person的首字母缩写，专指感性丰富的人。

就算都属于高敏感人群，不同的人表现出来的特征也不一样。既有像尚喵那样将感知周围环境的能力用于优先考虑他人的人，也有能够结合周边情况担当引领角色的人。

不管是哪种类型，高敏感人群都有四个特征。第一，倾向于深度处理（比如会慎重思考，从一丁点的刺激中考虑到多种可能性）；第二，神经易亢奋紧张；第三，情绪反应强烈（容易感动、爱流泪等）；第四，能够察觉到细微之事。

因为这四种特征的存在，高敏感人群有时会非常消极地去面对消极的事情，但有时也会从小小的启示中激发出无数的创意。

本书讲述了尚喵前半生的生活，并积极地看待高敏感性格。就让我们踏着轻松的节拍，寻找与高敏感性格一起前进的动力吧！

高敏感程度检测标准10项简略版

（饭村周平、矢野康介、石井悠纪子，2022年）

	完全不符合	几乎都不符合	不太符合	都不能说	稍微符合	比较符合	非常符合
1 当生活发生变化时，你会感到混乱吗？	1	2	3	4	5	6	7
2 你容易被强烈的刺激吓到吗？	1	2	3	4	5	6	7
3 你会被他人的心情左右吗？	1	2	3	4	5	6	7
4 如果要在短时间内完成很多事，你会感到不知所措吗？	1	2	3	4	5	6	7
5 在参加跑步比赛观众很多时，你会不会因紧张而发挥不出正常水平？	1	2	3	4	5	6	7
6 面对强烈的刺激，如噪音、乱糟糟的场面等，你会感到心烦吗？	1	2	3	4	5	6	7
7 你会因声音大而感到不舒服吗？	1	2	3	4	5	6	7
8 明亮的光线、浓烈的气味、粗硬的布料、附近响起的警报声会让你毛骨悚然吗？	1	2	3	4	5	6	7
9 你喜欢淡淡的香味、声音和艺术作品吗？	1	2	3	4	5	6	7
10 在美术和音乐方面，你会深受感动吗？	1	2	3	4	5	6	7

出处：《高敏感人群的育儿烦恼咨询室》

➜ 每个项目都不是单纯用“是”或“不是”来评定，而是按照7个阶段来评价的。最后拿总得分除以项目数，算出平均值。

总得分除以10，得出的数字越接近7，说明敏感度越高。

目录

2 我属于高敏感人群吗？
6 积极面对高敏感性格，轻松前行

第一章 小学和初中时代

12 曾是个格外在意分数的小孩
14 对流行电视节目一无所知
16 总被拿来和堂妹做比较
18 养的狗狗把祖母咬成重伤
20 害怕视力检测
22 家人从没教我仪容常识
24 左右讨好却反遭大家嫌弃
26 总是在意皮肤问题
28 在意皮肤粗糙，反被训斥“别在意”
30 因头发又硬又卷被起绰号
32 社团活动的连带责任之痛
34 不好意思让别人看到自己的便当
36 有欺凌行为的校园
38 满脑子只有学习，却没考上理想的学校

第二章 高中和大学时代

42 上了私立高中后，很害怕成绩排名
44 好想变可爱
46 过度沉迷洛丽塔风时尚
48 讨厌总是在意外表的自己
50 上补习学校时暗恋老师，自愿复读
52 最后却没能表白
54 离开父母后变得不爱出门
56 不清楚自己的喜好，发现没有自我
58 开始皮肤治疗后，整个人变得自信
60 害怕人多的地方
62 没考取驾照的事一直瞒着父母

第三章 工作以后

66 以阳光人设入职，失败接踵而至
68 一听到电话铃声心脏就怦怦跳
70 因不擅长跟上司汇报工作而挨批
72 电话铃声一响就无法继续手头工作
74 无法和他人共处
76 容易被上司的情绪牵着鼻子走
78 去书店做推销时总觉得不好意思
80 在公司无法与他人交流
82 跟上司合不来，因为抑郁而停职
84 着急回归职场却又受挫

86 调部门时遭到同事误解，格外痛苦
88 至今不敢跟父母提因病辞职的事
90 选择工作也许只是为了得到父母表扬
92 好不容易出了书却做不了宣传
94 同样一句话，理解却因人而异
96 讨厌自己曾嫉妒过畅销绘本作家

第四章 过于敏感令人很痛苦

100 在意日常生活中的声音
102 逛个街也觉得心累
104 无法构筑持久的人际关系
106 嫉妒交友广泛的伙伴
108 总是优先他人，自己好像很吃亏
110 乘电车时也觉得心累

第五章 高敏感性格其实也还好

116 最先留意到猫咪受伤
118 能够体贴烦恼者的心情
120 看到别人喜欢自己的插画很开心
122 追星，收获震撼心灵的感动！
124 绝望中看到的景色很美

126 后记

第一章
小学和初中时代

母亲是一名教师，因此我从上小学时便顶着“在学校里得做个好孩子”的压力，每天都自觉扮演着乖乖女的角色。不管怎么说，小学时代还是过得蛮快乐的，可等上了初中后，一切都不一样了……

曾是个格外在意分数的小孩

也许因为母亲是小学教师，我在学校里总是自觉扮演着所谓好孩子的角色。加上班主任老师是母亲原来的同事，俩人还是朋友，我的神经总是绷得很紧：必须做个好孩子，不能给母亲惹麻烦。为此，我在学习上格外用功。

我很害怕看到母亲在我考低分时过度失望又不停叹气的模样，便拼命学习。得了高分受到表扬时格外高兴，得了低分时伤心到身边的伙伴都为我担心。班主任老师曾担心地说："要是为这点小事沮丧，将来要怎么生活……"

就算我心里明白，可仍会感到失落。在考试分数低时，我甚至还找过老师，询问能不能给我加点分。

现在想想，不过是小学考试而已，又不能左右自己未来的人生。然而，那个时候，学校这个小世界的标准对于小孩子来说就是一切，而自己只想当个大家眼中的好孩子、学习很好的孩子……

从小就这么努力啊……

对于小孩子来说，学校
就等同于世界……

对流行电视节目一无所知

自小家人就不允许我看电视剧和动漫，因此我对同学们聊的流行电视节目一无所知，总是融入不了大家的话题，感到很难堪。

我上幼儿园时，动画片《美少女战士》相当火。大家一起玩模仿游戏时，因为只有自己对《美少女战士》的故事一无所知，所以总是被要求扮演敌方角色，被其他女孩追着跑，还挨过小石头。

上小学时，同学们热火朝天地聊着各自崇拜的偶像，可自己没看过电视剧，根本不知道谁是谁，只能凭想象去附和。可是这样太痛苦了，后来每当大家聊起有关电视剧的话题时，我便选择一个人悄悄离开。

也许是出于逆反心理，在我考上大学开始独自生活后，我便宅在家里，把大部分时间花在了看以前的电视剧和动漫上。我觉得，小时候受到的压抑在长大后会以逆反等形式表现出来，如果孩子对他那个年龄段流行的东西感兴趣，父母应该尽量满足孩子的要求。

小时候
大家在聊电视剧呢，看起来蛮开心……
图鉴
哈哈
嘿嘿

长大后
竟然这么有意思……
感动到流泪……
令人怀念的电视剧
PC
薯条

总被拿来
和堂妹做比较

亲戚们都住在我家附近，小时候我经常跟年龄相仿的堂妹一起玩。上了小学后，大家每年都去祖父母家聚几次。不过，大人们总会拿我俩的成绩和外貌做比较。

我对学习比较上心，倒是没觉得什么，可堂妹的母亲（婶婶）总会笑着说："我家孩子学习一点都不行。"这好像让堂妹很难堪。我上了中学后，皮肤突然变得很糟糕，我自己很在意，父母却当着众人的面笑着说"都怪这孩子没器量"，"在家里一个劲地抹药"，弄得我很羞愧。所以，每当两家父母通电话时，我就提心吊胆地躲在旁边偷听，生怕父母又提起让自己害臊的话题。

小时候我和堂妹很玩得来，可随着年龄的增长，逐渐变得生分起来，每次见面都觉得尴尬，特别令人难受。年龄相仿的孩子聚在一起时，被大人取笑的会难过，受到表扬的会拘谨不安，所以我觉得这种比较根本没有什么好处可言。

比较会催生诅咒。我真心希望大家不要再拿孩子做无谓的比较了……

不光是担心自己，还考虑到了堂妹……

小时候
我和堂妹的关系
有些别扭
真尴尬……

长大后两人和好了
原来时间能解决
很多事情
长大真好……

养的狗狗
把祖母咬成重伤

我觉得家人没有管教好狗狗。家里养的狗狗好像得了“权力综合征”，自认为是家中最了不起的一员，喂食时也会低声咆哮，凶暴到连家人也无法轻易靠近。

有一天，不了解狗狗脾性的祖母无意中靠近了正在进食的狗狗，结果被严重咬伤，脸颊都快被狗狗撕掉了。第二天狗狗便被带去了训练所，从此我再也没跟它见过面。祖母虽然侥幸保住了性命，但已经奄奄一息，而且宠爱的狗狗被硬生生地牵走，这些给我留下了很大的心理阴影。还有，那是我第一次见到母亲哭。

我本来很喜欢狗狗，可自那以后，每次听到狗叫我都害怕得心脏快要跳出来了。特别是在公寓电梯里偶然遇到别人家的狗狗时，我就吓得发抖，心里直对狗狗说抱歉。

宠物是无辜的，我希望调教不了宠物的家庭最好别去喂养它们。

明明喜欢宠物，却又害怕得不行。

害怕视力检测

我自小眼睛就不太好，特别害怕学校进行视力检测。因为每当我的视力下降时，母亲就会特别失望。看到她那个样子，我非常难过。

每次检测视力时，我都会瞪大眼睛回答“左”或“右”，说错就会很沮丧。母亲看到我的视力检测结果后，常常会长吁短叹，这让我很难受。加上那个时候眼镜比现在贵得多，每次配眼镜时母亲都会抱怨道：“唉，配副眼镜得花这么多钱……”我听后就会满怀歉意，感觉自己像是犯了滔天大罪。我恨透了自己这双不争气的眼睛。

说实话，现在我虽然已经长大成人，可还是害怕听到父母的叹气声，所以我强迫自己做任何事情都不能让父母失望。我还意识到，也许就是因为这个，我成了一个总是看别人脸色行事的人。

父母的叹气真的会成为孩子的心理阴影，还会影响到孩子未来的人格塑造，我希望父母不要在孩子的面前叹气……

瞪大眼睛
……
右！
对吗？

咣！
不对……
每次视力检测
我都全力以赴

家人从没教我仪容常识

家人对教育非常热衷，但不知为何从来没有教过我仪容方面的常识。具体来说，就像怎么刷牙、泡澡时该如何洗头发和洗身体这些，家人从没教过我。所以，小时候的自己常常是脏兮兮的，甚至被人取笑。

但是，要是我太注意外表，父母就会说我“太早熟”，我就这样混混沌沌地度过了小学时光。等上了中学后，我意识到外表非常重要，努力想让自己变得漂亮起来。可惜的是，这时我的牙齿已经不太牢固了，而且参差不齐，这成了我整个青春期最大的自卑。我有时甚至会恨父母，恨他们在我还小的时候为什么没有帮我矫正牙齿。

上大学后，我开始攒钱并鼓足勇气做了牙齿矫正，牙齿总算是变整齐了。直到现在我仍会生父母的气，埋怨他们当初没有教我仪容方面的常识。不过，长大后我又切身体会到，自己的人生可以自己改变，自卑感也可以想办法消除。

每个人都能够用自己的力量改变人生！

在父母庇护下的自己
家人
活出自己的人生！
小孩
成人
大人
能够自主选择人生的自己

自己的人生是为
自己而活的。

左右讨好
却反遭大家嫌弃

到了小学高年级的时候，班里的女生开始搞“小团体”。我因为担任班级委员，在女生之间发生争执时，常常去劝解。

有两个女生小组互相说对方的坏话，而立场中立的自己则对双方的主张均表示赞同，有时还会附和着说另一方的坏话。糟糕的是，这种做法有一天突然被发现了，就连关系要好的朋友也明确地跟我说“非常讨厌你那样做”。这让我备受打击。

因为我总是去劝解打圆场，对任何人都想示好，所以朋友那样说我也没办法。不过，对于自己总是察言观色，不想被任何人讨厌的肤浅性格，我也感到失落。

现在我明白，人是不可能被所有人喜欢的。当时的自己特别不希望被别人讨厌，一心想成为受大家欢迎的人。

高敏感的人大都是博爱主义者。

B组的女生竟然这样说我们，很过分吧？
嗯嗯
确实……
A组的女生竟然做出这种事，真过分！
嗯嗯
很过分……
尚喵究竟站在哪边啊？
想两边讨好，也太狡猾了吧！
我本想讨所有人喜欢
呜呜
对不起
结果
却被大家嫌弃了……

总是在意皮肤问题

我上中学后，皮肤突然变得很糟糕，脸上蹦出很多青春痘。每天早上照镜子时，一看到比昨天多出的痘痘，我就想死的心都有了。

那时正值青春期，大家开始萌发性别意识，可我偏偏长出了青春痘，别提有多悲惨、多羞愧了。

因为皮肤问题，大家会嘲笑我，还在背后说我的坏话，说我的皮肤就像感染了细菌。我不明白自己的皮肤为什么会变成这样，而且当时网络尚未普及，也没法上网查。一位皮肤水灵灵的女生曾毫不客气地问我："你的皮肤怎么那么脏呀？！"我都不知道该如何回答，心情难过到了极点。

也就是从那时起，我觉得别人好像一直在盯着自己的皮肤看，感到很不安，所以经常用毛巾遮住脸或是戴口罩。其实就是皮肤变差了一点而已，我却觉得根本无法接受。好羡慕那些拥有细嫩皮肤的可爱女生呀！

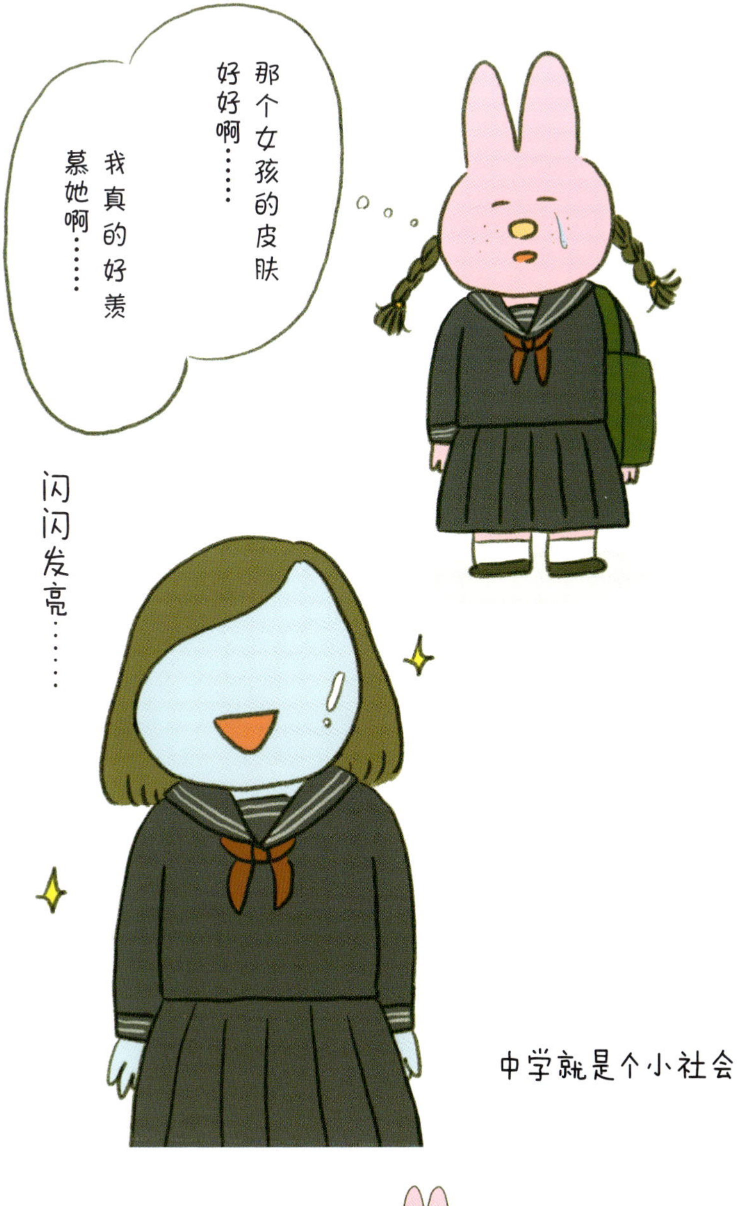
那个女孩的皮肤好好啊……
我真的好羡慕她啊……
闪闪发亮……
中学就是个小社会

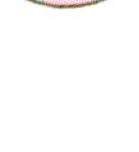

中学时期就是我的“黑历史”。

在意皮肤粗糙，反被训斥"别在意"

我每天都为自己的皮肤粗糙问题深感苦恼，父母却视而不见。当我试着跟父母诉说苦恼时，反被训斥道："只在意外表的人很轻浮"，"别整天愁眉苦脸的啦"，最后还丢给我一句"人哪，最重要的是内在"。我在意的问题就这样被简单粗暴地否定掉了。

不过，每当我剩下饭菜时，父母就会数落我："都是因为你挑食，皮肤才变得那么差！"将所有的不满都和我在意的问题牵扯在一起，这让我感到很愤怒。

当父母对我说"别在意"时，我觉得自己的烦恼好像被全盘否定了，这让我很头疼："为什么大家都不理解我的心情呢？"还有，如果父母劝我把心放宽一些，我可能还会好受些，可如果用命令的语气让我"别在意"，我就会非常生气。可父母毕竟是父母，我也是敢怒而不敢言。因为怒气无处可释放，我每天都很痛苦。

在意的事情就是会在意，问题的严重性只有自己最清楚，所以就不要听别人的劝了。在意的事情，就尽情地在意吧，没什么好怕的！

请让我明天早
上睁开双眼时
皮肤变漂亮起
来吧……

因头发又硬又卷被起绰号

我对自己的头发也感到自卑。因为我的头发又硬又卷，社团的前辈们暗地里叫我“卷毛”。这是从关系要好的同学那里听说的，我很难过。

一想到平日里待我亲切的前辈们在背后叫我“卷毛”，我就有点不敢相信她们了，甚至对特意告诉我的同学也产生了不信任感。

如果可能的话，我真想做缩发矫正，让头发变直，可当时学校禁止学生这么做，为此每天早上五点半我就起床，花半个小时用拿压岁钱买来的直发棒把头发拉直后再去学校。我还非常讨厌下雨天，因为雨天空气潮湿，好不容易弄直的头发在受潮后会被打回原形。说实话，我很羡慕那些长发飘飘的女孩。

上了中学后我发现，不管学习再努力，外表难看就会被人说坏话，这个赤裸裸的现实让自己感到绝望。曾经的价值观似乎被颠覆，感觉整个世界都变了，我的心情黯淡到了极点。

刚进入中学就不得不直面学校这个“小社会”……

早上好不容易把头发拉直
让头发飘起来吧！

一下雨就被打回了原形……
我恨极了下雨天！

社团活动的连带责任之痛

我上小学时曾参加过铜管乐社团，升入中学后，听说如果在社团活动中表现优秀，就能为内审加分，便进了管乐社团，当起一名圆号手。

我所在的中学称得上是“管乐名校”，每年都会参加全日本的大赛，因此平日的训练非常严格。特别是顾问老师非常严厉，谁要是稍微跑了音，老师就会当着大家的面命其反复纠正。我进了这个正规的管乐社团后才意识到，原来自己的音准非常差，总是吹不好。这时候，老师就会当着大家的面怒吼我是“笨蛋”，因此一到合奏时我就感到紧张、害怕。

最让我不安的是，自己一旦出错，其他圆号手也会被骂，连前辈都会被骂“你到底有没有看她练习啊？”。

我真的是非常羞愧，看到别人因为自己的失误被骂，心情糟糕到了极点。我不想给大家添麻烦，每天拼命地练习。可是从那以后，我就落了个一给别人添麻烦就十分恐慌的毛病。

呜呜……
对不起！
魔鬼顾问
因为自己的失误连累大家被骂，那种感觉犹如下地狱……
对不起！
对不起！
直到今天，我依然会梦到社团活动……
知道了一种叫连带责任的"地狱"……

不好意思让别人看到自己的便当

进入中学后，我每周六都要带午饭去学校（当时周六仍是半休日）。母亲对做饭不太感兴趣，说实在的，不管是家里的一日三餐还是便当，都很凑合。

比方说，母亲给我做的便当，在大大的保鲜盒里，有时只有意面，有时是在米饭旁放了瓶养乐多，以此代替配菜。当时我并没有觉得有什么不好，但同学们以异样的眼光盯着我的便当起哄，把我的便当称作“蚯蚓便当”“养乐多便当”。

自那以后，我就不好意思当着众人的面吃便当了。一到午饭时间，我就把运动背包放在桌子前面挡着，尽量不让别人看到自己的便当。有一天，我无意中把这件事告诉了母亲，她大吃一惊。下个周六吃午饭的时候，我发现便当盒里躺着几块非常可爱的三明治，它们两头扎着蝴蝶结，像极了糖果。这么精致的便当把我吓了一跳，同时我又觉得自己好像伤到了母亲，感到很内疚。

如今，我仍不习惯在外面和别人一起吃饭，还是一个人悠闲地享受用餐时光比较轻松。

妈妈，对不起……

有欺凌行为的校园

我就读的那所中学有一些不良少年，校风不是很好，还常常发生欺凌事件。班上有个男生经常被那些不良少年欺负，如果你出面警告，他们就会用小刀割破你的铅笔盒或把你的毛巾扔掉。我很害怕他们报复，所以从没敢开口。

女生之间也互相说坏话，但我因为害怕受到大家的排挤与无视，有时也会加入说别人坏话的行列。其实，每个女生都很温柔可爱，可一旦拉帮结派就会变得凶暴起来，说坏话时变本加厉。每次目睹这样的场面，我都会感受到“帮派”的可怕。

即便跟老师报告也无济于事（因为老师也会被欺负），因此我讨厌透了那所学校。不过，更重要的是，自己明明讨厌欺凌行为却又无能为力，这让人感到痛苦，所以在初三后半学期，我经常跑到保健室里待着。

直到现在，每次看到有关校园欺凌的报道，我都会很愤怒。也许是出于这个原因，比起扎在人堆里，我更喜欢一个人静静地发呆。

高敏感的人既祈愿周围和平，
又喜欢一个人待着。

如今一看到有关校园欺凌的报道
不可原谅……
我就会很愤怒……
有关校园欺凌的报道

满脑子只有学习，却没考上理想的学校

我觉得学习好是自己唯一的优点，因此在备考高中时相当努力。无奈我就读的初中学风不佳，我再怎么努力也没见成绩有多大的进步，再加上自己考试时有点怯场，最终没能考上第一志愿高中。成绩公布那天，母亲跟我一起去了学校，这让我更受打击。

报考同一所高中并顺利通过的同学以为我也考上了，特意向我祝贺，我却不得不回应说自己没考上，真的好痛苦。我感觉站在身旁的母亲好像也失望透顶。我真的好想哭，母亲却冲我吼了句："有什么好哭的！"我惊得直发愣，头脑一片空白，只好强颜欢笑回了家。

忍耐力强啦，人前不流泪啦，这些确实是美德，但是有必要忍受悲伤的心情，强迫自己表现得开朗吗？

现在回首起这些往事，我真想对当时的自己说：想哭的时候，就痛痛快快地哭一场吧！

真的好想大哭一场……
母亲

没有考上第一志愿高中，很绝望……
咣……

不过第二志愿高中的校服蛮可爱的！
唯一的拯救……

第二章

高中和大学时代

与第一志愿高中无缘的自己怀着悲伤的心情进入一所私立高中，可是那所高中以激发学生的竞争精神为教育方针，害得我每天都为成绩排名而提心吊胆。

高考时，因为想去一个谁也不认识自己的地方，便选了一所很偏远的大学，结果连一个朋友也没交到，一个人尝尽了孤独……

上了私立高中后，很害怕成绩排名

我所进的私立高中规模很大，每个年级都有13个班，是一所“成绩至上”的升学后备校。分班时只看成绩，重点班的话不但学费便宜，教学设施也先进。说难听点儿，就是按成绩来区分学生，听着就令人恐怖。

好在是，我凭运气进了重点班。为了不让成绩下滑，我学习起来很努力。每次考试结束后，各科的成绩和排名都会贴在走廊墙壁上公示。我很害怕成绩下降，每次考试都是全力以赴。

我周围的同学也都在努力学习，即便交到朋友也几乎没有时间去玩。在我看来，成绩优秀的话就会受到表扬，就能一直留在重点班，这就意味着胜利。看到那些没能留在重点班的同学黯然离去的身影，我觉得他们好可怜，同时暗暗警告自己千万不能变成那样。

也许是因为自小就有跟别人比较的习惯，不知从何时起，我的内心竟然也萌生了歧视。现在回头想想，高中时代的自己真令人讨厌。

同一所高中，教室和学费却不一样……
成绩优秀的学生
现代化教室
学费全免
成绩中等的学生
普通教室
学费正常
成绩差的学生
简易教室
学费昂贵

无论如何都要留在重点班……
认知严重扭曲

好想变可爱

在上初中时，我切身感受到，外表丑的话很容易受欺负。因此进了高中后，我一心想变可爱，很快便学会了化妆。当时自己的皮肤不是很好，化妆时少不了用粉底。涂上粉底后，就能将发红的皮肤遮住。因此，我觉得自己终于和普通女孩一样了。

除此之外，我还体验到了睫毛膏的魅力。有一天，一位女同学把自己的睫毛膏递给我说："我不需要这个了，给你。"我小心翼翼地涂在睫毛上，两眼顿时变得炯炯有神。我看着镜子中的自己，内心无比感动："原来自己也能这么可爱啊！"

自那以后，我便疯狂地认为，如果不涂睫毛膏，那就不是自己的脸，就连去学校也要化妆。当然，那时候学校禁止学生化妆，我很快就被班主任盯上了，为此还被喊到办公室批评过。

不过对我来说，自己能鼓起勇气昂首挺胸地从家里走出去，多亏了化妆。若是这点被否定掉，就好像整个人被否定一样，心里特别难受。我好想变可爱，甚至错误地想过，如果不让我化妆，就不去上学了。

原来我也能这么可爱……

化妆好像魔法哎！

过度沉迷
洛丽塔风时尚

进入高中学会化妆之后，我满脑子都想变可爱，便开始尝试起洛丽塔风的时尚打扮。好在学校允许学生烫发，我便把爱起卷的头发拉直了。看着头发变得丝滑柔顺，整个人别提有多开心了。可是我还不满足，又给头发烫了竖卷，每天像公主一样去学校。

我实在是太想变可爱了，所以校服也按照自己的风格穿，在短裙里套上长蕾丝裙，特意把蕾丝边露出来，还专门配上过膝袜。我对外貌的自卑感太过强烈，以至于审美意识走向极端，这种风格的打扮便成了自己个性张扬的表现。

我害怕在家里化妆被父母发现后会挨骂，所以每天都早早起床，在车站的洗手间里化好妆后再去学校，放学后再拐到车站的洗手间，在那里卸完妆后才回家。

这样做真的很折腾，有时我也感到空虚，不明白自己到底在干什么。不过，多亏这样的打扮，我才能保持住自我，似乎还渐渐喜欢上了自己。

对于高敏感人群来说，
自我表现与幸福挂钩。

武装前
~Before~
双眼无神
皮肤粗糙
卷发
没有自信，
内心柔弱
土气的针织衫

武装后
~After~
发红的皮肤
被遮盖起来
两眼炯炯有神
竖卷
自信满满，
内心强大
精心搭配的
可爱校服

讨厌总是在意外表的自己

尽管化妆和洛丽塔风的打扮能让我变得更加自信，可毕竟违反了校规，自己逐渐变得与大家格格不入。班主任见对我百般苦劝我却不知悔改，便把说教的对象转向了全班。

一天早上，班主任对着全班同学说教起来：“我们班有化妆的同学……”我一听就知道说的是自己。班主任絮絮叨叨地讲个不停，大家期盼的体育课也推迟了，一些同学在背后嘀咕：“把妆卸了就不行吗？”

还有，上体育课时我也想保持公主范儿，便穿起了蕾丝罩衫，可老师指责说那种打扮不适合运动，为此还规定上体育课时只能穿指定的T恤。

我每天都很烦恼，明明会给大家添麻烦，为何还非要化妆、非要一身公主打扮呢？说实话，我自己也弄不明白。不化妆的时候，我特别害怕别人的目光，每次走路时都故意摘掉隐形眼镜，不敢去面对现实。

没人愿意把球传给我……

上补习学校时暗恋老师，自愿复读

高中三年级暑假时，我决定去东京一家补习学校上假期辅导班。现代文老师的授课风格给我的冲击很大，他讲的课不但通俗易懂，有关哲学的话题也令人很感兴趣。

通过授课，我第一次接触到哲学这个领域。把生存的不易、内心的阴暗等个人心理问题作为学问来研究，这让我非常感动，每次上课时眼泪都会情不自禁地流下来。等假期辅导课临近结束时，我发现自己早已喜欢上了教现代文的老师。

现在想想，当时的心情就像憧憬着成为一名音乐家一样。假期补习结束后，我送给老师一封热烈的“情书”。一想起老师讲的课，我就感觉高中时的苦闷缓解了很多，开始尝试不再化妆，整个人似乎得到了拯救。

高中三年级结束后就面临大学入学考试，但因为我在参加统一高考时成绩不理想，加上还想让那位教现代文的老师再教我一年课，便没有参加大学入学考试，而是自愿选择了复读。对于当时的我来说，考不考大学无所谓。

这种心情……
必须马上写下来，寄出去！
沙沙
沙沙
沙沙
沙沙
沙沙
沙沙
沙沙
沙沙
蔬菜果汁

最后却没能表白

因为喜欢上补习学校的老师，我主动选择了复读。就像看音乐偶像的演唱会一样，每次上课我心情都无比激动。我想尽量引起老师的关注，所以学习很认真，每次都把自己打扮得漂漂亮亮的。

可是，每当看到比自己可爱的女孩子跟老师聊天时，我就不由得感到绝望：“我比不上人家……”为了大学入学考试的复读生活，从某种意义上来说犹如我的青春岁月。

受老师影响，我对哲学产生了浓厚的兴趣，最后报考了北海道大学哲学系，并被顺利录取。那年3月，我从家里专程赶往东京，打算向老师报告录取喜讯，可是一想到见到老师就意味着一切都结束了，走到半路又折了回来。我很害怕，就算跟老师坦白心意，也不会改变什么，更何况万一遭到拒绝的话，这一年就相当于一切都没有了……

我没有勇气面对失恋，也没有勇气做决断，抱着一种朦朦胧胧、不明不白的心情，一个人开始了在北海道的大学生活。

高敏感的人大都会因为没有表达内心重要的想法而后悔。

某某
补习学校
心脏怦怦跳
我要告诉老师我被录取了……
老师
转头就跑
实在张不开口！

离开父母后变得不爱出门

刚进大学没多久，我就变得不爱出门了，一来是因为自己始终沉浸在没能跟喜欢的老师表白的悔恨中，二来是不想跟任何人见面。

开学典礼和班会我都没有参加。明明是自己非要来北海道，却不清楚自己为何身处此地。我好像得了精神分裂症，整天哭个不停，有时哭着哭着就睡着了，耳朵都快被泪水浸满了。好不容易来到一个新的环境里，我却没有勇气迈出改变自我的第一步。

虽然现在我明白了时间的流逝能够让人忘却过往的回忆，崭新的邂逅也能够让心情得以转换，但当年的我不知所措。身边没有家人的陪伴，因为缺席最初的班会也没交到朋友，加上不太习惯冰天雪地的生活，我每天都感到格外孤独和悲伤。

难得考上第一志愿大学，开启了通常人们所说的校园生活，我却每天都不跟人见面，只是一味地窝在家里读书，看剧，看动漫，郁郁沉沉度日。现在回想起来，那应该是我人生中第一次患上抑郁症。

雪国的天空总是阴沉灰暗，
让人感到抑郁……

不清楚自己的喜好，发现没有自我

进入大学后，有的同学选择加入自己喜欢的社团，有的开始去喜欢的店里打工。我却发现自己连一样喜好都没有，不禁愕然。

回头想想，我其实称不上有多热爱学习。我拼命学习只不过是为了得到父母的称赞，着迷于洛丽塔风的打扮也纯粹是为了让别人觉得我很可爱，就连自己想学的哲学，也是为了能跟补习学校的老师搭讪而选择的。意识到这些后，我突然害怕起自己来。

兴趣也好，音乐也罢，还有读书，都是别人觉得好自己才去做才去听才去看的，几乎没有一项是自主选择的。打心底里想干的事情一件也没有，我感觉自己就像一个失去自我的空壳……

结果，想得到表扬、想让别人觉得自己好等等，这些以别人的评价为前提的生活让我付出了惨痛的代价。我好羡慕那些能够直言“我打心眼里喜欢什么什么”的人。

为赢得别人喜爱而付出的努力，
将来也许会成为自己的武器！

一直喜欢历史，
就进了历史系……
历史
我想拍电影，
便加入了电影协会……
我终于能去
憧憬已久的蛋糕店打工了！
我呢？
什么也没有……

开始皮肤治疗后，整个人变得自信

上大学二年级时，我特别想改变一味沉浸于过去的自己，便开始努力攒钱，打算治疗多年来令我自惭形秽的皮肤问题。

我知道脸上的青春痘光靠抹药膏是根治不了的，便找了一家美容诊所，接受了激光治疗手术（治疗费用不在医保范围内）。虽然治疗时感到一阵阵刺痛，但手术结束后，看到变得洁净光滑的皮肤，我呆住了，有种脱胎换骨的感觉。

皮肤变好以后，整个人变得充满自信，每次出门前我都会精心打扮一番，特别开心。更让我高兴的是，因为不用再在意皮肤问题，我发现自己不像之前那样过度在意别人的眼光了。

尽管在大学里没怎么跟别人打交道，但只要脸上的皮肤嫩滑，并把自己打扮得漂漂亮亮的，我就很开心了。

我觉得消除自卑心理真的很重要，现在我依然这么认为。如果靠美容整形能消除的话，就赶快行动起来吧。

有生以来第一次
对自己充满自信……

害怕人多的地方

自进入大学开始一个人生活后，我与他人之间的距离愈来愈远，社恐症加剧，越来越害怕跟人见面。

我非常不习惯待在人多的地方，就连大学的开学典礼、班会、校园文化节都没去参加，因此就没怎么交到朋友。上课时，一起听讲的同学要是跟我说话，我也不知道该怎么回答，只能保持沉默。缺课时，因为不知道该找谁借笔记看，最后连学分也没修到。我特别不愿意在容纳上百人的大讲堂里上课，明明没有人关注自己，我却觉得别人都在偷窥自己，每次上课都是战战兢兢、提心吊胆的。

课间休息时，我也喜欢一个人静静地待着。要是问哪里有悄无一人的半地下室、没人用的空教室，我比谁都清楚。

结果，直到毕业我也没能克服害怕人多的毛病，连毕业典礼都没有参加。虽然不用强迫自己去，却再也没有机会穿裤裙了①，心里不免有些遗憾。

①日本年轻女性在重要节日或参加重要场合，如成人节、开学典礼、毕业典礼时，一般会选择穿和服、裤裙等传统服饰。

一个人看雪景，于我而言是最美好的回忆之一。

没考取驾照的事一直瞒着父母

上大学时，父母说找时间把驾照考下来比较好，我便从父母那里借钱去驾校报了名。

起初我学得很认真，但渐渐地就害怕起开车来，尤其害怕听到车喇叭声。有时其他学车的人会朝我按喇叭示意，我开车时也会遭到别人按喇叭提醒，每次听到喇叭声我都紧张得要命。还有，也许因为自己总是磨磨蹭蹭的，坐在旁边的教练也开始焦躁起来。每次学车时，我都觉得自己真的不适合开车，心情很低落。

学到半途时，我又开始胡思乱想，担心自己开车撞到人，结果连驾校也没心情去了。因为是中途退学，几十万日元的学费就相当于打了水漂。可我害怕父母训斥我，就骗父母说自己考取驾照了。

至今我也没敢跟父母坦白这件事。也许是因为心里有愧，每隔大半年我就会做跟开车有关的噩梦，梦到自己没有驾照却去开车，结果出了事故。爸爸妈妈，对不起！

不会开车，却偏做梦！
啊！
吱吱作响
现在我还会做开车出事故的噩梦
对不起
对不起

上体育课时
老师，接下来的100米短跑……
我不想跑……
怕弄乱了头发……

第三章
工作以后

我凭借阳光人设拿到了向往已久的工作offer（录取通知书），谁知却碰上了一位盛气凌人的上司，自己被打上无能的烙印，慢慢变得不适应工作，最后患上抑郁症，只好暂时停职休假，每天都焦虑不安……

以阳光人设入职，失败接踵而至

我开始找工作是在二〇一〇年，当时正赶上就业冰河期，受金融危机影响，找工作非常难，坊间传说就算面试上一百家单位也不一定被录取。因此，我在面试时尽量迎合用人单位的要求，刻意把自己打造成阳光活泼、善于沟通的形象。

幸运的是，我看好的一家出版社向我抛出了橄榄枝。然而，这对我来说简直就是噩梦的开始。我能进入出版社完全是依靠扮演出来的阳光人设。为了不让选择自己的人失望，我在入职后继续装出阳光活泼的样子。当时，我固执地认为，职场新人必须活泼开朗，所以在聚餐时，我总是比别人更兴奋，努力把气氛推向高潮。

可是，这些让我觉得心格外累。

阳光开朗又精力充沛的人往往被人称赞，但不一定招人喜欢。就算强迫自己扮演阳光人设去工作，也很难长久坚持下去，所以做自然、真实的自己就好，说不定别人还会因此喜欢上自己。不适合自己的形象最好别去塑造哦！

高敏感的人在找工作时常常会扮演跟平时不一样的自己。

不管怎么说，做真实、自然的自己最舒服……
因为强迫自己是很难长久坚持下去的！
果汁

不适合自己的形象最好别去塑造……
（重要的事情说两遍）。

一听到电话铃声 心脏就怦怦跳

也许是由于高敏感，我在上班时特别害怕接电话。电话铃声一响起来，整颗心脏就快要蹦出来。准备接电话时，自己又会禁不住想，该用什么样的语气怎么接电话，因此还没接通电话我就觉得很累了。

接通电话后，我还总介意自己说的话可能会被周围的人听到，便会不停地想，刚才用的敬语对不对、有没有说什么奇怪的话。一通电话接下来，自己会疲惫不堪。

而在接电话时，因为看不到打电话的人的表情，只能靠声音去揣摩对方的心情，所以我总是觉得不安。直到现在，我还是不习惯接电话，听到电话铃声响起时几乎从未立即接听过。

好在是，就算没有立即接听电话，稍后打过去就好了。如果真有急事，对方肯定会再打过来，没必要认为电话铃声一响就必须马上去接。在这里，我建议大家在接电话时，不妨在心里默念“现在开启自动模式”，把自己当成接电话的机器，这样的话，就不会掺杂其他感情了。

如果不爱接电话
您好，承蒙关照。是关于某某事吗？我明白了。
カッ
就把自己当成机器……
现在开启自动模式

因不擅长跟上司汇报工作而挨批

当时的部门负责人属于那种很难沟通的人，我不太习惯跟他打交道。

他好像也讨厌我，甚至曾当面对我说：“我不喜欢你的说话方式”，“没办法，只有我的部门肯收留你”，这些话让我感到特别沮丧。因此，每次跟上司交谈时，我都战战兢兢：“会不会又挨骂呢？”

尤其是在跟上司汇报或商量工作上的事情时，我总是感到郁闷。因为我原本就不太擅长跟别人交流，每次在汇报前，我都有一大堆顾虑：怎么开口？怎么说合适？现在上司忙不忙？说了会不会挨骂？自己要不要先开口？结果总是白白浪费时间，有时候等到第二天才敢鼓起勇气去汇报。

因为不擅长跟上司打交道，有时候我盖个章都要花费大半天时间。如果工作做得慢，上司就会更加生气，陷入了恶性循环。要是能遇到一位更容易沟通、亲切的上司就好了……

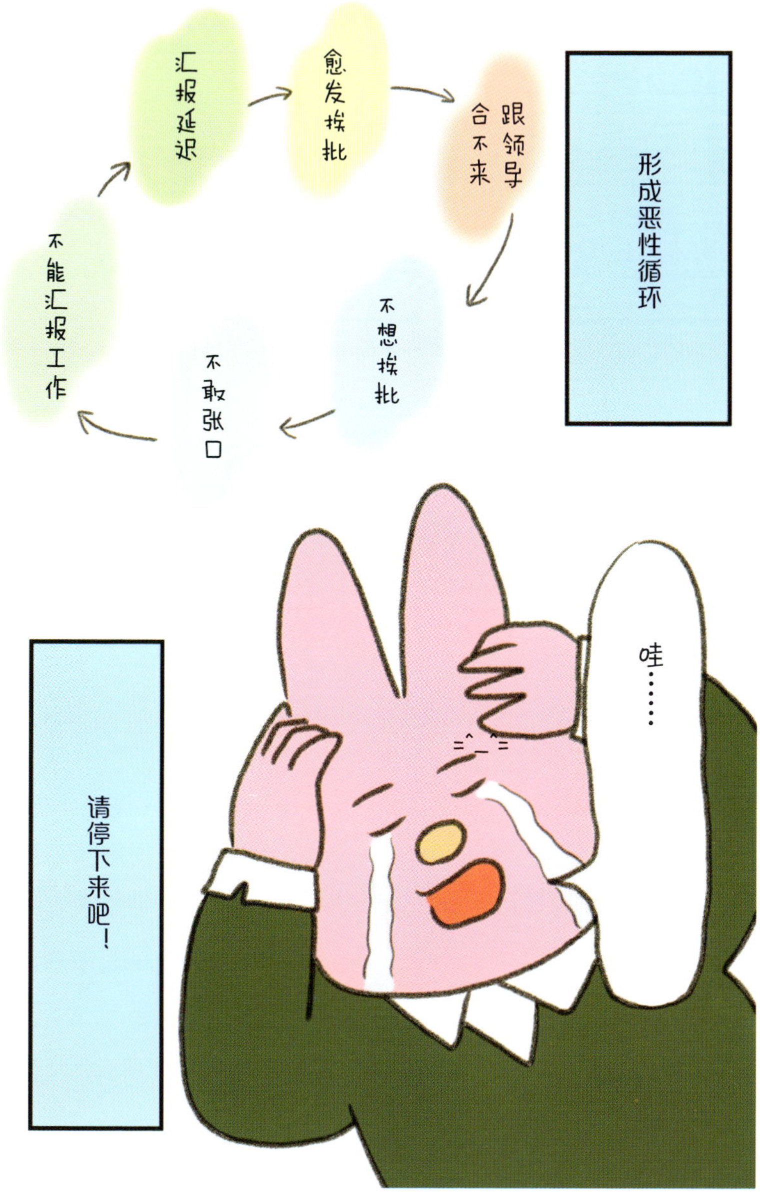

汇报延迟
愈发挨批
跟领导合不来
不想挨批
不敢张口
不能汇报工作
形成恶性循环
请停下来吧！
哇……
=^_^=

与其想来想去，不如养成赶快行动的习惯！

电话铃声一响
就无法继续手头工作

我不太擅长同时处理多项工作。如果是事先安排好的任务，我会按部就班地逐一打理好，但要是突然让我去处理好几项工作，我就不知道该从何着手，一时变得头脑混乱。

比如在制作策划书时，如果电话铃声响起，我就得停下手头的工作去接电话，这时我就会感到非常不安，心脏怦怦直跳。

我可能不擅长切换工作模式，更愿意集中精力将某项工作完美收官，中途一旦被打断就会压力陡增，到最后往往整体工作被耽误了。为此，我还挨过批评：“你把应该做的事情的顺序弄颠倒啦！”

不过，要是一早起来就将当天要做的事情全部写下来，并按轻重缓急排好序，那种慌乱不安的感觉就会消失。还有，明天的事情放到明天再做，不必非得今天就完成，这样想的话多少也会感到轻松。

把当天的任务
按轻重缓急
排好序……
待办事项
①
②
③
④
⑤
今天就先来解决
这些问题吧！

无法和他人共处

大学时代我几乎是一个人度过的。进入公司后，我发现如果和别人长时间待在一个空间里，就会喘不过气来。我非常需要独处的时间，每到休息时就会躲到没人用的小房间或其他楼层的洗手间里。

午休时我也不想见任何人，会特意跑到离公司稍远的一家咖啡店里吃午饭，还曾因没能在规定的上班时间赶回公司而受到批评。

除此之外，我认为跟别人待在一起时必须开口交谈，这也让我感到很有压力，所以我不怎么爱乘公司的电梯。可是公司在大楼的十一层，由于不想乘电梯，我每天都得爬楼梯，常常累得气喘吁吁。我有时也会怜悯自己：为什么要那样在意别人的眼光呢？

现在我明白，没有必要强迫自己跟别人说话。但当初在公司上班时，因为一心想要维持阳光开朗的形象，所以过度在意别人的眼光，每天都感觉筋疲力尽。

过于察言观色，反而逼得自己喘不过气来……

自己感到压力
得活泼开朗才行……
得开开心心地跟别人聊天才行……
得表现得元气满满才行……
必须让别人高兴……
不想再痛苦下去了……

容易被上司的情绪牵着鼻子走

每当察觉到上司烦躁不安，比如叹气或用力敲键盘时，我就会感到很惶恐，有种心脏被猛地揪起来的不安感。有时我甚至会胡思乱想，认为上司是在生自己的气。

我还很在意身边人的心情，为此还有过伤心的体验。有次看到同事一脸焦躁，我顿时很不安：“莫非自己做错了什么事情？”我甚至特意找到跟同事关系要好的前辈，询问同事是不是在生自己的气。结果事实并不是自己想的那样，那位同事却真的讨厌起了自己……

现在想来，当时直接向他本人询问就好了，可自己一直不擅长处理人际关系，所以那个时候没能那样做。

现在我明白，如果公司里有人很焦躁，跟自己也没有关系。大家都在专心工作，要是有人莫名其妙地焦躁发脾气，明显违反职场礼仪。错就错在这种爱耍情绪的人，他们净给周围的人添麻烦，所以不用理会就好了。

特意迎合发脾气的人
才奇怪！

去书店做推销时
总觉得不好意思

我在出版社工作时，曾参加过去书店推销图书的研修活动。要想卖书，就得跟书店交涉，说服对方把出版社的书摆在店里的书架上，可是我不怎么擅长做这种推销工作。一是到了书店后不敢跟店员攀谈，二是不好意思让忙碌的店员专门为自己抽出时间。

更重要的是，在当下这个出版行业并不景气的时代，书店应该订不了很多书，非要勉强他们下单订购的话，我会觉得万分内疚。在做完营销回家的路上，我常常一个人偷偷掉眼泪。我还听说领导因我不会推销而骂我“没用”，虽然情况属实，但听到后还是很受打击。跟擅长营销的同事相比，我确实做得很差，因此经常陷入自我厌恶的状态。

其实，工作就是工作，把工作和个人情绪分开处理就好了，但我动不动就在工作中掺入个人情绪，结果总是做不好工作。现在我明白，当觉得讨厌、痛苦时，条件反射般行动起来就好了，尽量不让那些负面情绪有机可乘。

店员和其他出版社的推销人员聊得很投机……
唉，他们聊完了也不想去张口啊……

其他出版社的推销人员
BOOK

不怎么会聊天

在公司无法与他人交流

也许是因为患有社恐症，入职不到三个月，我跟公司里的同事就没话可说了。我这个人不太擅长聊天，当大家聊得热火朝天时，我不知道该怎么加入，生怕搅了大家的兴致，所以在公司里我从来不敢跟别人攀谈。

开会时也一样，我不知道该在哪个时间点发言，总是沉默不语。我觉得自己整个人都很灰暗，也讨厌那样的自己，所以每次看到那些活泼开朗、能活跃气氛、能说会道的人时，我都会无比羡慕。

不过，我最近逐渐意识到，沉默是金，并不是所有事情都可以畅所欲言。更何况，当我因为不会讲话而感到自卑时，有的人反倒觉得我很冷静。

我现在明白，每个人的看法都不一样，没必要只看到其中一面就任由自己消沉悲观。

高敏感的人若不擅长聊天，就不妨充当倾听者的角色。

不加入聊天也无所谓

尝试就像听收音机一样，去倾听别人的对话吧……

跟上司合不来，因为抑郁而停职

我知道自己有不对的地方，比如做事磨蹭、汇报工作不及时等，可上司明摆着就是讨厌自己。而且，上司是个既阴险又固执的人，总爱吹毛求疵。现在回想起来，他说了很多令自己伤心的话。好不容易被编入梦寐以求的编辑部，上司却对我说“大家都说你这个人不好使”，“我是没办法才收留你的”。我感到非常沮丧，原来自己这么不被别人需要……

“既然大家都不需要我，那我就更加努力地工作吧。”为了争一口气，我主动揽下很多工作，逼着自己加班，结果把身体累坏了。有一天，一种强烈的不安感袭来，我赶紧打电话向朋友求助，朋友劝我立刻去心理诊所看医生。

心理诊所的医生诊断我患上了抑郁症，我便暂时休了假。我感到很绝望，自己真没出息，工作不到一年就停职……

现在想想，要是公司里有个能倾心交谈的人，或许情况就会不一样。可惜的是，自己当时不怎么跟同事交流，只是一味地独自纠结苦恼。

某某心理诊所
我真的好想变强大……
药物账单

着急回归职场
却又受挫

被医生诊断为抑郁症后，我便停职休了假。可是在停职期间，我感到非常不安。最让我焦虑的是，如果停职时间过长，就很难回到原工作岗位。另外，我对接替自己工作的前辈也满怀歉意。都怪自己不争气，害得前辈工作量骤增，说不定前辈这会儿正在发愁呢。一想到这些，我就静不下心来休养。

结果，三个月后我便返回了职场。可是，急于复职并不明智。也许是因为病情还没有彻底恢复，我却非逼着自己去适应，很快又觉得上班令人万分痛苦。结果，复职不到半年，我就不得不开始休第二次假。我觉得自己的人生好像就这样完了……

现在想来，自己之所以得抑郁症，可能跟工作环境有关。当时我很自责，一味地怕给别人添麻烦。要是能对着害自己患上抑郁症的上司发一通火出出气就好了。可惜当时的自己敢怒不敢言，就算现在也是一样……

“给别人添麻烦”这几个字要是
能从世界上消失就好了……

因患抑郁症而停职
好难受
好难受
好难受
长期待下去的话，
就很难回到原工作岗位了……
唉
赶紧复职！
虽然不确定自己是否已经痊愈……
嗒嗒
结果再次停职
我究竟在干什么呀……

调部门时遭到同事误解，格外痛苦

第一次休完病假之后，我又回到了原来的工作岗位，可是依然跟上司合不来，而且上司对自己的态度没有丝毫改变。没办法，我便去找人事部商量调换部门，好在得到了允许。坦白地说，我心里很不甘心，一是原来的编辑部是我特别想进的部门，二是不得不把自己策划推进的图书在中途转交给别人。但是，为了保护自己，我只能忍痛割舍掉这些。

而让我备受打击的是，原部门的同事虽然为我感到惋惜，却又认为我是在逃避责任。自己在纠结与不甘中做出的选择被轻易否定，整个人都快崩溃了。但是，因为自卑，我什么都不敢反驳。

我每天都感到很空虚。也许是因为抑郁症还未痊愈，我一直无精打采。在新部门里，仍然没有人愿意跟我说话，自己似乎又变成了透明的存在。最终，抑郁症因为复职而逐渐恶化，我只好再次选择休假。

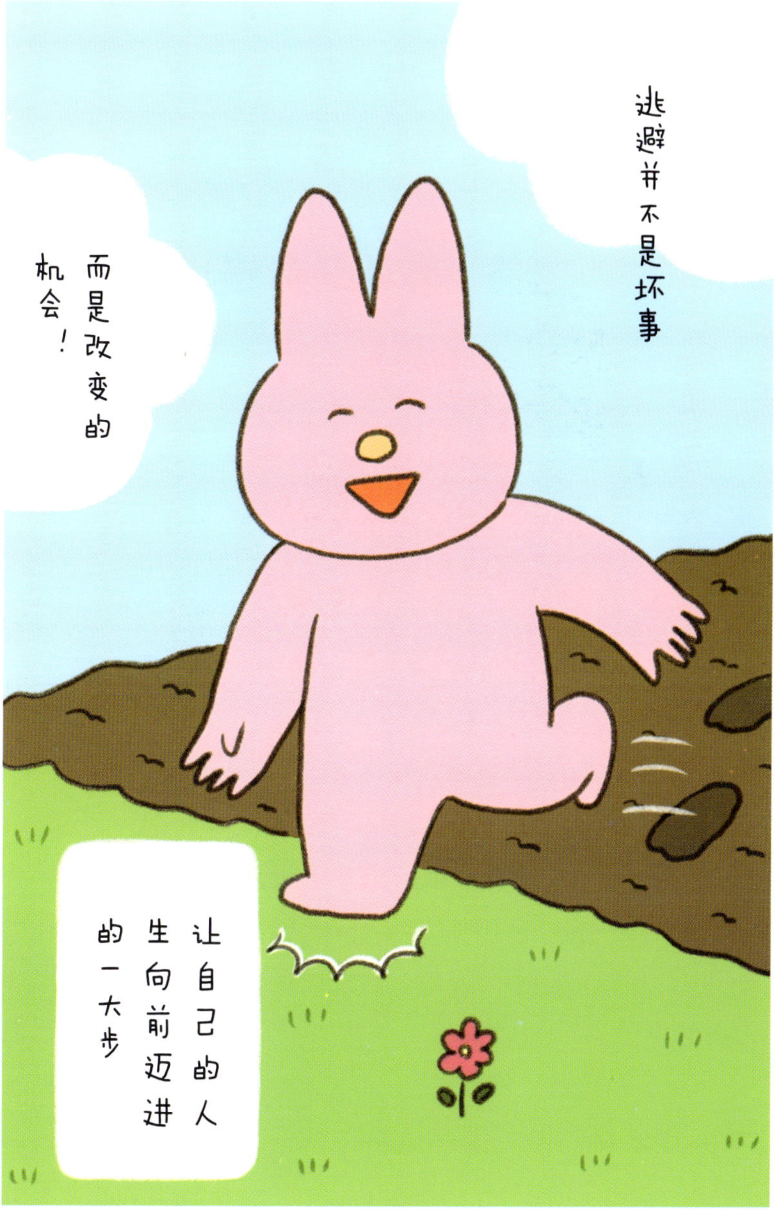
逃避并不是坏事
而是改变的机会！
让自己的人生向前迈进的一大步

与其说是“逃避”，不如说是“逃离”！

至今不敢跟父母提因病辞职的事

第一次因抑郁而停职时，我若无其事地跟父母提起过这件事，他们却一脸的不理解："你糊涂了吧？""你应该很坚强乐观的呀！"

之后我再也没跟父母聊过这个话题，因为父母从来不认可心灵脆弱。每当我诉苦示弱时，父母就会训斥我："真没出息！""别整天优柔寡断的！"

因此，当我再次停职后，虽然休息了整整一年，但与父母沟通时，我都假装自己在上班。每次父母给我打电话，我都撒谎说工作太忙没时间联系，其实是窝在家里睡大觉。

我对自己撒谎满怀愧疚，但没有办法。比起撒谎，保护自己更重要。所以，从那时起，我就偷偷告诉自己，没必要让所有人都理解自己。

要想活出自我，不想说的话不去说就好了。直到现在，我还跟父母瞒着自己患过抑郁症的事。

身体还好吧？看你工作挺忙，
妈妈给你寄了袋米过去。
妈妈
其实我是在撒谎，
对不起……
停职期间
某某县产
米

选择工作也许
只是为了得到父母表扬

第二次停职后，我感到自己不适合做一名公司职员，打算找一份能在家里做的工作。我原来在绘本编辑部待过，多少明白绘本是怎么创作出来的，便下决心当一名绘本作家。

第一本绘本出版时，父母很高兴，我长长地舒了一口气。但是，画着画着，我又开始思考：自己真的是因为想画画才当起绘本作家的吗？莫非另有原因？

思考到最后，我猛然察觉到，自己之所以选择这份工作，是因为成为一名绘本作家能够得到父母的表扬。不能否认的是，当初大学毕业找工作时，我确实考虑过自己选择的工作能否让父母在别人面前炫耀。

说实话，无论工作还是兴趣，我都很羡慕那些断言自己是因为觉得开心才去做的人。我发现自己没有可以说是因为发自内心的喜欢而去做的事情，常常是拿别人的标准来要求自己。我感到很惭愧，越来越不了解自己的内心。为了活出自己的人生，我在社交平台上注册了账号，打算在那里倾诉自己的心声。

很多人把社交平台作为吐露心声的重要场所。

我真的活出自己的
人生了吗？
测试
参考书
ABC
母亲

好不容易出了书 却做不了宣传

我不太擅长为新书做宣传，理由是不好意思让别人为自己花钱。

我不愿意让别人认为我是在炫耀，也不想让工作不如意或不想围观别人幸福的人感到不快，因此大部分新书在出版后我没做过宣传。

在《消除抑郁插画手账》一书出版后，我也没有好好去宣传。责任编辑建议我给知名的读书博主写信寄书，请他们帮忙做做宣传。我觉得会给对方添麻烦，于是拒绝了。我还为宣传特意画了漫画，结果也没发表，宣传的事不了了之，弄得我对责任编辑满怀愧疚。

我真的很没出息，要是能多些自信，堂堂正正地为自己的图书宣传就好了。可我为什么总是畏首畏尾呢？看到那些拥有十二分自信、拼命宣传自己作品的人，我既羡慕又嫉妒。有时候反观自己，我会不由得讨厌起自己来……

我到出版社宣传自己的漫画……
朋友
漫画
结果很糟糕……
不过内容真的很有趣！
好厉害！
爆棚的自信和自我肯定感让人佩服啊！
漫画
看到那些自我肯定感十足的人，我打心底里羡慕……

同样一句话，理解却因人而异

我曾在推特上发表过这样一段文字：“历经抑郁后，我开始寻找自己能做的工作，最后成为一名自由职业作家。”很快就有人在下面留言：“这是在自吹吗？”

我明白这也许会给对方留下一种自满的印象，自己本来就对他人的负面情绪比较敏感，让对方产生这样的误解，我感到很不安。我立马赔礼道歉，并删掉了那段文字。但是，我恨极了自己的不争气：“为什么要道歉呢？”

不过，之后我发现，面对同样一句话，不同的人会有不同的理解。比如我说喜欢猫，可能会引起厌猫者的不快。倘若这些事情都在意的话，那根本就无法张口了。不论说什么都会有人批评，想让所有人都赞成自己的说法几乎是不可能的。那些总是爱否定、攻击别人的人，大多是自身有问题，说话的人并没有错。

最近，我学会了在推特上畅所欲言。不管别人怎么解释、评论，我都不会放在心上。

在推特上汇报了最近的工作后……
推特
有人留言：『这是在自吹吗？』
我没那个意思……
哼……
这种人……
不顾事实
事实
（飞跃）
解释
自吹吗？
好像是在恣意解释……
别人怎么看全是他的主观想法
所以，我尝试着不去理会！

讨厌自己曾嫉妒过畅销绘本作家

我做绘本编辑时，非常钦慕那些畅销绘本作家。等自己开始创作后，我曾向一位作家请教绘本创作的各种问题。那位作家于我而言犹如恩人，可我在看到那位作家不停地接新工作后，不由得心生嫉妒，以至于最后断了来往。

那位作家曾指点过自己，我却不能真诚地为对方的成功感到高兴，竟还心生嫉妒，真是不可原谅。我甚至想过，这么黑暗的自己不应该待在世上。我从小就羡慕并嫉妒那些受大家欢迎的人，常常一个人跑到水边望着水面暗自苦恼：该怎么消除这见不得人的嫉妒心呢？

不过最近，我的想法发生了改变，觉得那些畅销绘本作家、受读者欢迎的人是自己的“能量场所”。不可思议的是，这样想后，嫉妒心竟然自行消失了，我变得更加愿意靠近他们，向他们学习。

若因不应有的情感断送了缘分，那就太可惜了。我衷心希望自己能够长久与他人保持健康、友好的关系。

与其因嫉妒而
断送缘分
书卖得火，朋友也多
受欢迎的人
好羡慕……

不如靠近去学习
受欢迎的人
将其视为“能量场所”吧！

与其嫉妒受欢迎的人，不如把他们当成『能量场所』！

那些光彩夺目的人
很令人羡慕……
社交平台
结果心生嫉妒
好讨厌这样的自己……

第四章

过于敏感令人很痛苦

对声音、氛围比较敏感，容易受他人情绪的影响……以前，这些高敏感性格带来的问题每天都在困扰着自己。现在，我慢慢寻找让自己轻松的方法，也觉得能够积极面对了……

在意日常生活中的声音

我以前住的公寓可能墙壁较薄，隔壁邻居和楼上住户日常生活中的声音都能听得到，尤其是楼上的脚步声。虽然小孩子走路发出声音是没办法的事，但半夜一旦传来“嗵嗵嗵”的脚步声我就头疼，还曾到楼管那里反映过意见。

还有，每次回老家探亲时，我都饱受电视机音量的困扰。因为自己平时基本上是在无声状态中生活的，老家的电视机却整天开着，音量大得让人心烦。为了躲避噪音，我常常把自己关在二楼的房间里。在心情郁闷或烦躁时，我对声音好像更加敏感，听到稍大一点的声音就感到很累。总之，我非常需要一个能够让内心平静下来的空间。

幸运的是，我还真发现了一个可以逃避各种噪音的空间，那就是衣柜。当感到心烦意乱、想要一个人静静时，我就会躲进去。藏身于狭窄昏暗却安静的空间里，一颗浮躁的心就会慢慢平静下来，非常放松。另外，躲在衣柜里也很适合一个人思考问题。

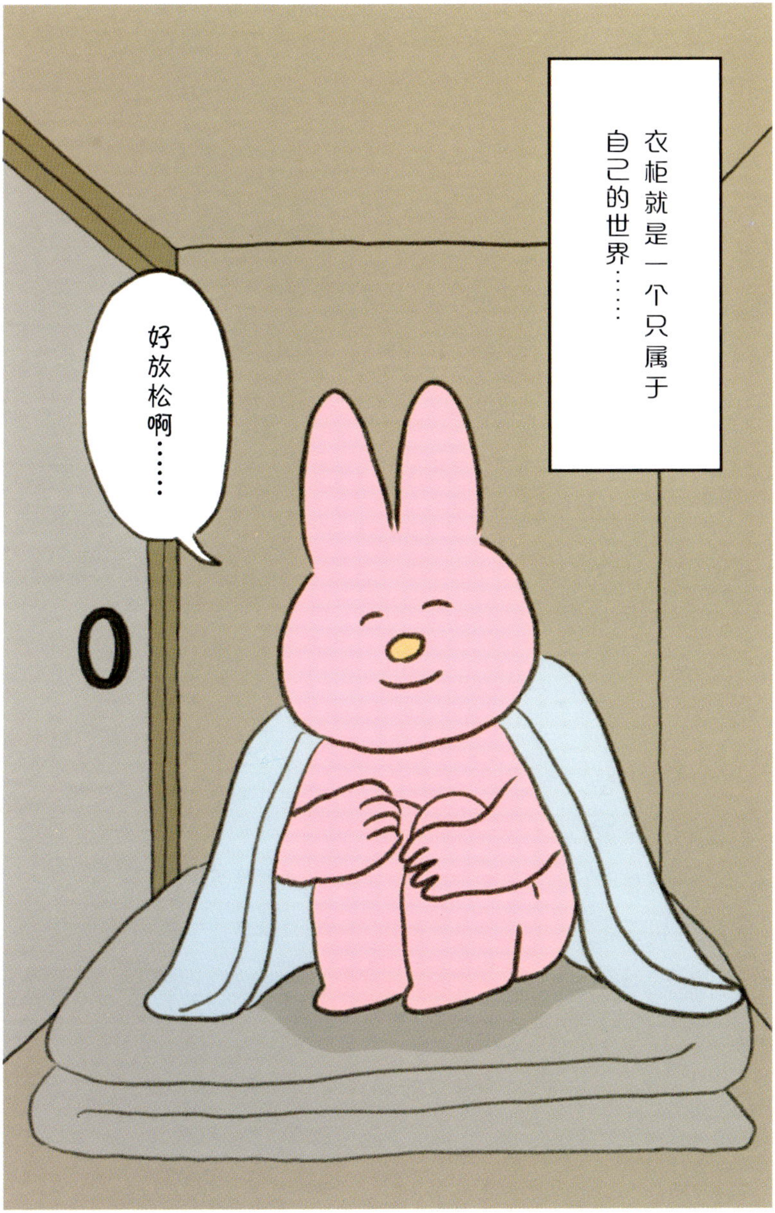
衣柜就是一个只属于自己的世界……
好放松啊……

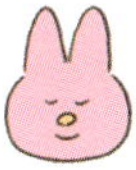

请试着寻找可以让自己放松下来的空间吧！

逛个街也觉得心累

直到最近，我才敢定期去同一家美容院，之前自己根本没有这个勇气。理由是，如果在店里遇到美容师搭讪，为了给别人留下活泼阳光的印象，我会努力附和捧场，可下次再去的时候就不知道该说什么了。

我也觉得自己自我意识过剩，明明自己是客人，没必要去取悦美容师，可我还是不自觉地会有这种压力，因此每次都去不同的美容院。

还有，在饭店里想点餐时，一看到服务员忙得团团转，我就不好意思开口，兀自坐在那里干等。有时偶然走进一家店，如果店员走过来向我推销商品，我也不忍心拒绝，会稀里糊涂地买下一些根本不需要的东西。为此，我常常感到沮丧：自己究竟干了些什么呀？

但最近，我学会了按铃喊店员点餐，有时还会用手机或平板下单，逛街进店时戴上耳机，从一开始就装作听不见。多亏了这些窍门，我发现逛街比之前轻松了很多。

我也是花了三年的时间才敢在美容院里跟别人聊自己的事……

对不起
来了！
不好意思，我想点……
啊，错过时机了……
菜单

无法构筑持久的人际关系

每当交到朋友时，我都会过于小心翼翼，过度解读对方的情感，有时候还会偏执地认为自己已经惹对方讨厌，并主动跟其断绝关系。

之前给某位朋友发邮件时，朋友回复得有些晚，我竟冲动地脱口而出："反正你也讨厌我，那就当我一开始就不存在吧。"朋友十分吃惊。因为我总是害怕被别人讨厌，所以才秉着"先下手为强"的想法主动与别人断绝来往，其实心里特别后悔。

不过，静下心来想想，自己为什么那么害怕被别人讨厌呢？当把实际上因被别人讨厌而作难的事情试着写出来后，我发现并没有想象中那么多，自己只是茫然地害怕被别人讨厌罢了。再说，从概率上讲，十个人中肯定会有两个人不喜欢自己，想让所有人都喜欢自己是不可能的，只要不被自己喜欢的人讨厌就行了。

换个角度讲，要是总因为害怕被别人讨厌而不去做自己喜欢的事，那就不如干脆被别人讨厌好了。这样想的话，处理人际关系时就会轻松许多。

当害怕被别人讨厌时，不妨这样想

想让所有人都喜欢自己是不可能的。
只要不被自己喜欢的人讨厌就行啦。
据统计，十个人中就会有两个人讨厌自己，谁也没办法。
与其因害怕被别人讨厌而畏首畏尾，不如放手去做自己喜欢的事情！

嫉妒交友广泛的伙伴

也许是出于不擅长跟别人打交道而产生的自卑心理，当我的伙伴有很多朋友或非常受大家欢迎时，我就会忍不住嫉妒，有时甚至会想：既然对方身边围着那么多人，少自己一个也没有关系。

有时我也会觉得自己可能不适合当对方的朋友，为此常常感到沮丧。生来内向的自己一直都很自卑。说实话，我很羡慕那些受大家欢迎的人。

不过，时代在悄然变化。新冠肺炎疫情之后，在日本，人与人之间的交流大幅减少，一个人如何享受独处的时光变得更为重要，能够耐住孤独的人也许更适合在这个时代生存。

再说，擅长社交的人也很不容易，比如有的聚会自己明明不想去却不得不去，有时得无奈地跟难缠的人打交道，有时为了应酬还得自己花钱。相反，不擅长社交的人往往能躲掉这些不必要的麻烦。如此想的话就不会去嫉妒了，看来内向也不是什么坏事。

说不定自己是最轻松的呢。

总是优先他人，自己好像很吃亏

有次在便利店里用复印机复印工作用的图片时，因为页数有点多，我不由得着急起来，不知不觉间身后还有人排起了队。可我还有很多图片没有复印，全都印完的话需要十几分钟。我感到过意不去，便中途把复印机让给了身后的人。

我以为对方很快就会结束，没想到对方竟慢腾腾地复印起赛马报纸，好久也不见结束。我考虑着要不要去其他便利店，可这家便利店的复印机效果不错，再说都等到这个点了，跑到其他店里也得折腾一番，便在店里边逛边等，结果等了半个小时那个人才复印完。

如果不礼让别人的话，自己说不定早就复印完了。再次投硬币进去，重新设置纸张尺寸和复印比例，我边复印边觉得自己像个傻瓜，连哭的心情都有了。

排队就是排队，以后尽量不强迫自己谦让别人了。

我也曾因过度在意排在身后的人而焦虑得掉落过资料……

排队天经地义，
用不着去谦让……
蛋糕自助区

乘电车时也觉得心累

我很喜欢乘坐电车，可是因为过于注重乘车礼仪，感觉心很累。

比如，在遇到貌似老年人的乘客上车时，我就会纠结该不该让座。就算我想让座，却又恼于不知如何开口，就会想上车的时候自己不去坐就好了。为此，有段时间尽管电车里有空座，我也尽量不坐。

此外，像我这种高敏感的人在乘坐电车时，还会在意很多细节。比如，为了避免胳膊肘碰到旁边的乘客，会尽量缩着身子往后坐，如果邻座乘客喷的香水太浓就会感到窒息，还会在意身边的人耳机里漏出来的声音，甚至会担心其他人会不会因为这些吵起来。总之，跟他人共处同一个空间时，我总是感到很疲惫。

遵守乘车礼仪固然是好事，可是过分注意的话就会伤到自己的神经。现在，我给自己定了条乘车规则，如果碰到老年人、孕妇、残疾人就让座，不是的话就尽量不在意。

在听完这首歌之前，我不
会在意周围的一切……
为了不过度在意，给自己定
条规则吧!

建议大家有意识地认为
“此刻用不着去在意”。

我觉得自己一直因过分在意而吃亏……

但是，真的全都是吃亏吗？

第五章

高敏感性格其实也还好

高敏感的人心思细腻又敏感。我原来觉得自己总是在吃亏。真的如此吗？其实并不是，生活中存在很多只有高敏感的人才能发现的小确幸……

你瞧，那朵云好像一只熊。
真的很像！
在看什么呢？
开心？……
你好厉害，竟然能注意到这些。
好羡慕！
我也跟着很开心啊！

的确
发现了一朵可爱的小花
我平时总会注意到细微的地方
总会琢磨些新的玩法，寻找取悦自己的方式
虽然很多时候
因为过于留意而感到疲惫
不过，也许只有留意才能发现新的感动。
这样想的话，就会觉得高敏感性格……
未必全都是坏事……
一起去吃芭菲吧！

最先留意到猫咪受伤

高中时家里养了一只叫“喵喵”的猫咪。喵喵本来是只野猫，虽说是养，有时也会跑到外面去，算是半养吧。有一天我从学校回家后，发现猫咪的左脸有点发肿。大致瞟一眼的话应该看不出来，不过我总觉得它跟平时不太一样，而且看起来也不是很有精神。

我出于担心，把观察到的情况告诉了家人。他们异口同声地说：“看不出来啊！”“是你看错了吧？”但我就是觉得猫咪的状态不对劲，第二天又说服父母领着猫咪去了动物医院。

结果，经兽医诊断，猫咪的左脸之所以发肿，是因为有脓包，看样子是在外面跟别的猫打过架。兽医剃了猫咪左脸的毛，看到了被爪子挠过的痕迹。兽医说，如果发现不及时，症状说不定会更严重。全家人听后都松了一口气。在情况恶化前便注意到并及时去应对真是太好了。

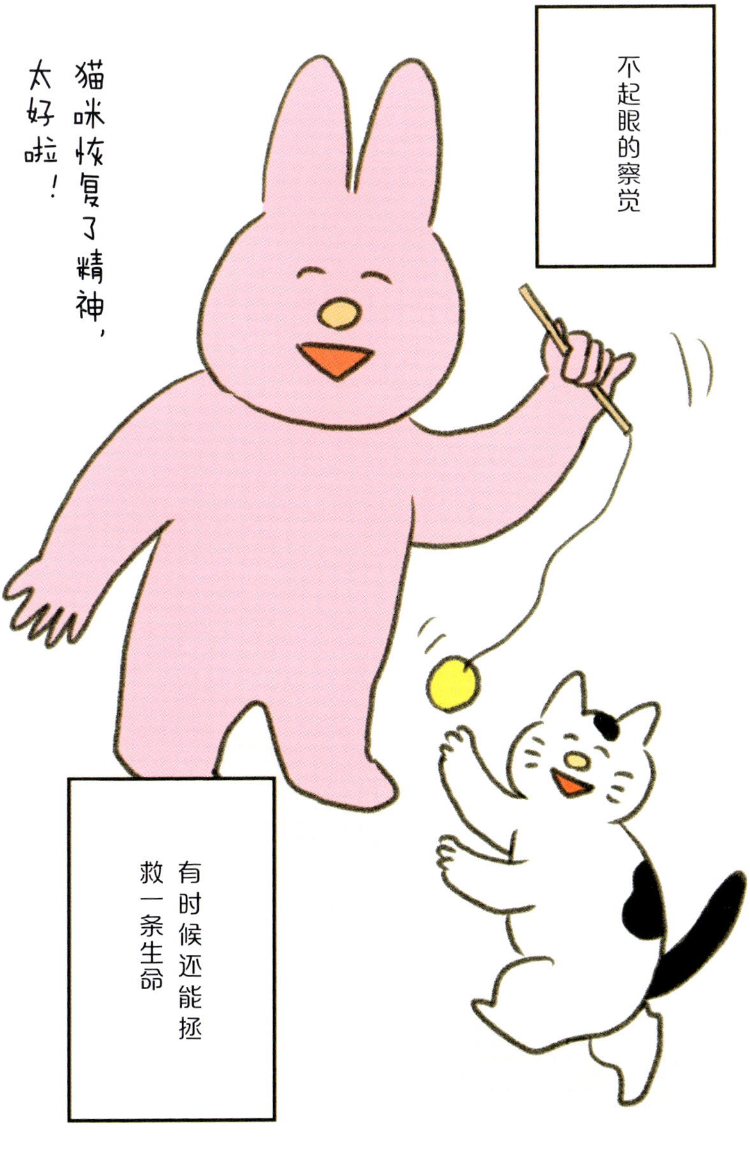
不起眼的察觉
猫咪恢复了精神，太好啦！
有时候还能拯救一条生命

喵喵一直活到了十九岁。

能够体贴烦恼者的心情

能够察觉到他人的细微变化，也许是高敏感人群的一大优点。当朋友脸色不太好或低头发蔫时，高敏感的人会第一时间注意到，并关切地询问："不要紧吧？""别硬撑着啊。"如此一来，朋友就会敞开心扉倾吐烦恼："其实……"

而且，高敏感的人对于他人的烦恼能够产生较强的共鸣，从而进一步给予贴心的关怀及安慰。

除了情绪上的微妙变化，高敏感的人还能注意到日常生活中的细微变化，让身边的人开心。比如注意到对方换了新发型，或者察觉到对方的唇膏颜色和肤色很搭时，会主动赞美对方并让对方感到高兴。

不过，高敏感的人因为同理心很强，所以在日常生活中会增加很多痛苦。但他们很有同情心，很受人喜欢。他们虽然有时候会觉得自己总吃亏、每天都好累，但放开眼光长远来看，肯定能够感受到其中的幸福。

这些都是将高敏感的人所具备的观察力活用起来的好例子呢！

温柔贴心就等于观察力
那个人在抽鼻子呢！
吸溜吸溜……
发生了什么事吗？

看到别人喜欢自己的插画很开心

我曾经在书中看到，高敏感的人不但感性丰富，而且擅长表达，而自己也正是通过插画创作给读者带去愉悦，所以在看到那段文字时不由得会心一笑。

在社交平台上，我发现有很多高敏感的人很擅长画画或摄影，每次看到他们的作品时我都忍不住赞叹。当然，也有不少很会写文章的人。我在推特上收到留言或评论时，切身感受到大部分人都很友善。他们使用避免伤害到对方的措辞，礼貌又温和。我还察觉到，因为很多人能深入理解我所发表的文字，所以自己说的话不会产生什么奇怪的误解，大多数能够很好地传达给读者。

我觉得，因为拥有较强的同理心，高敏感的人能够从心底互相理解，能够携手创造一个温柔又友善的世界。

这个世界上肯定有很多才华横溢的高敏感的人，虽然我们从未谋面，但是我希望大家能够倾听自己的内心，尽情地展示自我。

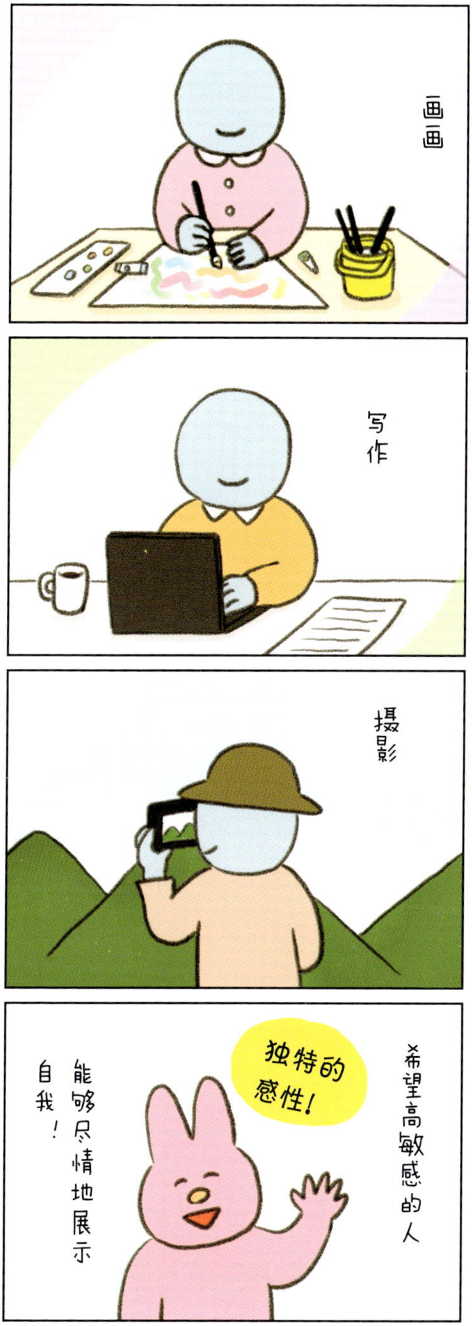
画画
写作
摄影
希望高敏感的人
独特的感性!
能够尽情地展示
自我!

如果高敏感的人能够发现自己的才能就好了……

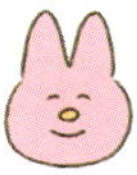

非常感动

追星，收获震撼心灵的感动！

也许是因为高敏感性格，我一直被人说感性丰富。确实，当我接触音乐、舞蹈、电影、漫画时，总能产生震撼心灵的感动。

前面提到过，我曾经因为不知道自己喜欢什么而烦恼，不过最近我发现了让自己着迷的东西，那就是韩国流行音乐。

以前，我听说过“我追的星最棒”这句话，但因为自己没有追捧过任何东西，当时不太理解这句话的含义。可是，当我看到韩国流行音乐的舞蹈视频时，瞬间被其丰富的表现力惊呆。“他们能够跳出如此一丝不乱、完美无瑕的舞蹈，背后肯定付出了相当大的努力！”想到这里，我不禁热泪盈眶，内心生发出一种被震撼到的感动。就这样，我实现了第一次追星。

自那以后，每当我难过时，一看到韩国流行音乐的舞蹈视频，心情就会轻松很多，感觉自己就像从现实中被解放出来一样。我终于理解了“我追的星最棒”这句话的含义。

这种感动也是得益于高敏感性格吧。如此想来，自己就好像赚到了。

高敏感是一种能让人体验到
翻倍感动的美好气质。

来到这个可以追星的星球
爸爸妈妈，感谢你们生下我……
真是太好了……

绝望中看到的景色很美

每个人都不是按照自己的意志来到这个世界上的，可为什么都要按自己的意志去生活呢？对此，我一直很纳闷。因为做不到这一点，有时候我感觉自己就像一个实际上并不存在的虚假存在，这让我很害怕。

我大学毕业论文的题目是《人生意义之思考》，主题是“反正人早晚会死，为什么还要活着”，相当阴沉灰暗。那个时候的我认为，人活着并没有意义。

可是，我大学时代一个人住在札幌时，半夜因忍受不了孤独从家里跑到外面，银装素裹的冰雪世界突然呈现在我的面前，那种美到窒息的雪景至今难忘。还有，在我因抑郁而停职时，一边哭一边眺望的夜光鲜明地融入隅田川沿岸的景色也深深地留在心底，直到现在还默默支撑着自己。

我想，也许死前能想到的景色就是这样的吧。我甚至觉得，自己也许就是为了看到这样的景色而活着的。悲伤、痛苦、寂寞、嫉妒……这些负面情感都有自己的价值，自己的人生因为它们而变得更加丰富充实。我深深感到，任何感情都是宝贵的财富。

感动，也许就是活着的意义。

后记

我以前经常为自己总爱介意琐事的性格而烦恼。

最近，“高敏感人群”一词开始普及。人们终于认识到，这个世界其实存在很多性格敏感、动不动就会在意的人。从这个意义上说，高敏感的人也许比以往更容易生存。不过，坦白来说，如果性格属于高敏感，整个人就会很累，因为注意力会被分散到各种事情上，总是扮演吃亏的角色，称不上是什么好事。

不过，在写这本书的过程中，我有了新的发现。这种对别人不在意的事情总是去关注并深思熟虑的性格，看起来像是总吃亏，实际上却受益匪浅，只是表面上看不出来罢了。

我认为，人生最重要的是体验感动。人活着的意义就在于，能够感受到多少震撼心灵的瞬间，能够在自己的心中留下多少这样的景色。从这一点来说，能够注意到细微之处、容易被感动的高敏感的人的心中

应该存留着很多缤纷多彩的瞬间。若将其置于人生这个大框架中去审视，那些瞬间一定都是宝贵的财富。

所以，如果你也在为自己凡事敏感、总爱介意的性格而烦恼，请千万不要忘记，正是因为这种太在意的性格，自己才会在不经意间丰富自己的人生。何况，再过一百年后，包括自己在内，大家都不在这个世界上了。这么一想，是不是稍微轻松了一些呢？

最后，我衷心祝愿高敏感的人能够过出更精彩的人生！

尚喵